Mquent ex p. 7-12.

30480

APPENDICE

AU

MÉMOIRE A CONSULTER

SUR LA MARCHE ET SUCCESSION

DES

ÉVÉNEMENTS ALÉATOIRES

A L'USAGE DE L'ACADÉMIE DES SCIENCES.

Natura veneranda est. »

PARIS

IMPRIMERIE DE E. DUVERGER

RUE DE VERNEUIL, Nº 4

1840

Je devrais peut-être me dire presque honteux de ma né-
gligence, le fait étant que, depuis le jour de la cessation de
la loterie, j'ai promis à M. le ministre des Finances de lui
fournir la solution d'un certain problème qui a fait crever
tant de fieffés mathématiciens, d'ailleurs très respectables.

Maître de mon sujet, ne vous étonnez pas que j'y prenne
mes aises. Je dis maître de mon sujet, non pas, à la vérité,
par rapport au sujet, mais à la vérité, bien loin à perte de
vue au-delà de toute compétition possible ; je parle d'aujour-
d'hui.

Voici l'affaire :

Je n'ai jamais vu de combinaison de jeu de hasard qui ne
fût pas déjouable.

Aussi, toutes les sublimes cogitations de nos mathématiciens sur cette matière m'ont-elles toujours paru faibles et
superficielles à l'imbécillité.

Non que je prétende disputer le moins du monde, mais
tout le contraire, qu'ils n'y aient fait de leur métier, et jus-
qu'à un certain point, plus ou moins bien fait.

A la bonne heure !

Mais, de connaître, de comprendre, d'approfondir la matière,

Nullement !

4

Comme en toutes choses il faut un commencement, j'ai posé un argument pour le fait des chances simples (on ne parle pas de la loterie), un argument qui n'admettra aucune couleur de contestation.

Je n'y permets pas deux opinions.

Il va sans dire, qu'il faudra qu'on se donne la peine de le comprendre, cet argument. En même temps, hélas que hélas! faut-il que je le dise! — Ici comme ailleurs, c'est un imprescriptible bonheur, que de ne pas avoir le quelque esprit qu'on puisse avoir, totalement submergé sous le triste niveau de ce fichu engouement mathématique.

Les mathématiques, messieurs, sont des mesures *vides*.

On y met ce qu'on peut!

On n'y met sûrement pas ce qu'on ne possède pas, ce qu'on ne s'imagine pas, ni ne conçoit.

« Les idées exactes que l'on acquiert par l'analyse ne sont pas toujours des idées complètes; elles ne peuvent même jamais l'être, lorsque nous nous occupons des idées sensibles. Alors nous ne découvrons que quelques qualités, et nous ne pouvons connaître qu'en partie. » (CONDILLAC.)

« L'analyse ne nous donne des idées exactes, qu'autant qu'elle ne nous fait voir dans les choses que juste ce qu'on y voit; et il faut nous accoutumer à ne voir que ce que nous voyons effectivement. Cela n'est pas facile au commun des hommes, ni même au commun des philosophes. » (CONDILLAC.)

W. M.

Paris, le 15 septembre 1840.

Paris, le 4 janvier 1836.

Monsieur le ministre,

J'ai l'honneur de vous saluer avec considération.

La loterie étant finie, je me propose de faire voir que l'inexpugnabilité que l'on a bien voulu lui attribuer, n'a de fonds que dans l'ineptie de ceux qui l'ont étudiée ; puisque, en vertu d'une loi considérablement plus ancienne, et qui n'a jamais été abrogée, il en est de cette combinaison comme du château d'Anvers, et de bien d'autres choses encore.

Ce n'est pas une peau d'ours, monsieur le ministre, qu'on a l'honneur de vous proposer ; ce que je promets je l'aurai pu faire, quelque jour où je l'eusse voulu, depuis quatre ou cinq ans. Je ne doute pas trouver le loisir pendant ce premier trimestre.

Deux mots sur les idées reçues et les soi-disant démonstrations.

Et d'abord, je ne suis nullement responsable des impertinences de charlatans et de dupes ; j'entends m'adresser à un autre ordre d'esprits.

Il a été dit, et fort bien dit, et ne saurait être trop souvent répété, que la démonstration n'a de prise que sur les idées que l'on a.

Or, monsieur le ministre, cela est toujours vrai ; fussent-elles des idées de Pascal.

« Multa quæ natura impedita erant consilio expediebat. »

Hors de doute que l'on trouvera bon de traiter de ridicule,

peut-être d'insensée, cette communication. Je ne m'arroge point le droit de m'en plaindre : en ce monde on est tributaire et de ses propres sottises et de celles d'autrui ; mais je vous invite respectueusement, monsieur le ministre, d'en faire prendre note, et rira bien qui rit le dernier.

Je suis, etc.

Ministère des Finances.

———

Paris, le 12 d'octobre 1840.

Il m'est loisible de souhaiter que la matière de cette concession dès à présent puisse opérer d'heureux résultats dans les limites d'action de son propre genre ; bien que dans la discussion cela ne soit que de considération secondaire. Toujours est-ce, et quant à présent comme pour l'avenir, un progrès insigne de haute science, ce qui ne laisse jamais de porter ses fruits à leur saison. Mieux encore, toujours est-ce, toujours restera-t-elle le miroir fidèle, le vénérable instrument d'un grand et salutaire enseignement, en tout temps utile, en tout temps nécessaire, toujours à saison, bienvenu toujours, de la présomption et imbécillité du jugement des hommes.

Nec Deus intersit, nisi dignus vindice nodus.

Je n'entreprendrai point de décider lesquels, des mathématiciens ou des joueurs, par rapport à mon sujet, soient les

l'impair, le coup 14 gagne, et complète un coup double gagné. On passe. . . . au pair, le 15 perd, le 16 gagne, le 17 perd, voilà le premier terme perdu ; le 18 gagne, le 19 gagne, voilà le coup double gagné. On passe. . . . à l'impair, le 20 perd, etc., ainsi de suite *ad infinitum*.

En supposant qu'on a parcouru le mémoire à consulter, et spécialement la partie où se trouvent expliqués le principe (ou loi), l'induction et la méthode, je ne veux en cette place diriger l'attention que sur un seul point, le point essentiel : on s'apercevra que dans *ce* mouvement *ci*, à coup double, il n'y a pas, ni ne peut y avoir, un seul coup simple de gaspillé ; que tous les coups se trouvent à placer, et que tous trouvent leurs places. Il ne faut pas davantage pour que «en vertu d'une loi considérablement plus ancienne », *ce* mouvement *ci* à coup double soit tout autre chose que le mouvement ordinaire à coup simple, et de conséquence, le mouvement simple donnant équilibre ; ce mouvement double (en vertu d'une loi qui n'a jamais été abrogée) n'est pas ni ne peut être un mouvement d'équilibre, n'étant et ne pouvant être un mouvement d'équilibre, de toute force et nécessité, c'est un mouvement de disparité.

Admirons un instant, comme la science, celle qui mérite le nom, se complaît dans la simplicité. Aussi, pourrait-on s'affliger que ce ne soit pas ici l'occasion de proposer un compliment à vos nouveaux poids et mesures, qui ne sont autre chose, tout juste et tout franc, qu'une savante bêtise.

Enfin, que chacun qui se trouve intéressé dans la matière se donne la peine d'éclaircir ses doutes par sa propre expérience.

À cet effet, il ne lui faudrait que quelques centaines de

coups de dés (s'il n'aime mieux se servir des premiers numéros de la loterie qui, en effet, sont irrécusables) ; on les expérimentera de deux manières, afin de se rapprocher à un terme moyen.

Impair et pair, commençant par l'impair.

Pair et impair, commençant par le pair.

On divisera les coups en des portions de 200. J'ai déjà dit que, pour l'expérimentation, le morcellement est très convenable, pour plus d'une bonne raison, dont que celle-ci suffise. Dans la distribution des coups, en suivant la méthode, on est quelque peu exposé, et surtout un novice, à commettre des bévues, qui de cette manière sont plus facilement et retrouvées et corrigées.

Tout ceci n'est pas très long à faire, et doit servir essentiellement, et à désabuser, et à éclairer l'esprit.

J'allais oublier de dire, et c'eût été effectivement dommage, que si l'on se mettait à expérimenter sur quelque formule mathématique, que ce sera pour son propre compte. Les formules mathématiques, à l'égard de cette matière, pour des commencements de série sont parfaits, mais avancé un peu dans le mouvement, il entre en jeu un élément dont nous ne savons pas grand' chose, et eux rien.

> Est modus in rebus ; sunt certi denique fines,
> Quos ultra citraque nequit consistere rectum.

Or, dans ce procédé il y a deux choses à considérer, la méthode et la combinaison ; j'appelle combinaison ce qu'entendent les joueurs par leurs combinaisons ; ici elle n'est qu'une trivialité qui, à part soi, ne vaut pas un grain de poussière ; cependant toujours en faut-il une, mais c'est la méthode surajoutée qui fait la besogne ; c'est la méthode qu'il s'agit de comprendre, sa raison et son infaillibilité, et la cause de son infaillibilité : cette méthode resterait absolument la même, appliquée à toute autre combinaison convenable.

Je dis donc que l'analyse et l'expérience feront voir bien vite que cette méthode et cette combinaison opèrent une disparité dans la succession de chances égales, qui dépasse *le double* de celle qui dans le fameux jeu de trente-un succède par les refaits : et remarquez que c'est ici, non pas une question de mises, mais une question de coups, *une question d'un excédant de coups.* — Eh bien ! pour chaque refait ou demi-coup en faveur du banquier, cette méthode et combinaison opèrent, *et cela en pleine connaissance de cause, par une raison palpable, claire comme la lumière,* au-delà d'un coup entier contre lui :

Sic transit gloria mundi.

Reste à avérer les épreuves ; cela fait, j'espère qu'il ne se trouvera pas de savant borné assez pour oser nier l'évidence de leurs résultats, mais je dois faire observer, et je m'arroge bien le droit de le faire observer, comme aussi de le faire crier et clamer tant haut et longtemps que bon me semble, que ces preuves d'expérimentation, toutes preuves qu'elles sont, quelque irrésistibles, quelque concluantes qu'elles soient, ne sont que la corroboration de la rectitude et certitude de la théorie énoncée, qui ne dérive point d'un aveugle tâtonnement, mais bien d'un raisonnement éclairé, et conséquent et insurmontable.

Enfin, ce raisonnement éclairé est assez clair et non pas

très abstrait ; quiconque ne sache pas le comprendre n'est qu'une bête.

« Il est fort commun, parmi ceux qui se jugent savants, de ne voir rien dans les meilleurs livres que ce qu'ils savent, et par conséquent de les lire sans rien apprendre. Ils ne voient rien de neuf dans un ouvrage où tout est neuf pour eux. » (CONDILLAC.)

On est redevable peut-être d'un petit mot d'adieu aux amateurs enragés des sciences exactes.

Rien n'est moins exact, en matière de raisonnement, en même temps que plus borné et plus ridicule, que cette stupide foi aveugle dans nos pauvres conceptions, dès le moment qu'elles trouvent à se présenter, ou bien ou mal habillées, d'un costume mathématique.

O-major tandem parcas insane minori.

W. M.

FIN.